U0178852

烟火"食"光

河北卫视《家政女皇》组织编写

知识产权出版社
全国百佳图书出版单位
—北京—

图书在版编目（CIP）数据

烟火"食"光/河北卫视《家政女皇》组织编写. --北京：知识产权出版社，2020.3

ISBN 978-7-5130-6783-6

Ⅰ.①烟… Ⅱ.①家… Ⅲ.①饮食—文化—中国 Ⅳ.①TS971.2

中国版本图书馆CIP数据核字(2020)第028281号

责任编辑：李娟 于晓菲　　　　责任印制：孙婷婷

烟火"食"光
YANHUO "SHI" GUANG

河北卫视《家政女皇》组织编写

出版发行：知识产权出版社 有限责任公司	网　址：http://www.ipph.cn
电　话：010—82004826	http://www.laichushu.com
社　址：北京市海淀区气象路50号院	邮　编：100081
责编电话：010—82000860转8363	责编邮箱：laichushu@cnipr.com
发行电话：010—82000860转8101	发行传真：010—82000893
印　刷：北京中献拓方科技发展有限公司	经　销：各大网上书店、新华书店及相关专业书店
开　本：787mm×1096mm 1/32	印　张：3.75
版　次：2020年3月第1版	印　次：2020年3月第1次印刷
字　数：42千字	定　价：58.00元
ISBN 978-7-5130-6783-6	

序

温暖人间的烟火"食"光

在21世纪这部多彩大书即将展现第3个篇章之际，我欣喜地翻开了这本名为《烟火"食"光》的小册子。十年光影，伴随着馨香的人间烟火气，顿时把我拉回到荧屏前，河北卫视《家政女皇》节目里那一张张随和的笑脸，一道道惊艳的饭菜，一个个欢快的瞬间突然在我眼前定格，让人心里无比温暖。

这本书真是漂亮。行楷题名，手绘饭菜，简要的几行介绍文字画龙点睛，既充分展示了菜品的韵味，又显得亲切而不媚俗，与其说是菜谱，倒不如说是一幅幅构思精巧的水墨画，不仅易读，而且养眼。美图旁边还特意留了7个空格方便记录一个星期的烹饪心得，看看自家的手艺可有长进。页面上可没见着人，但那几位熟悉的主持人和厨师俨然就站在书的背后，正托着盘子笑盈盈地说道："您尝尝，好吃吗？"

您要说非得跟主持人见上一面，别急，拿出手机，扫描"菜谱详情二维码"，喜兴的方琼、睿智的程成立刻生火烧菜，烹饪肉、蛋、菜、奶无一不精，油、盐、酱、醋缺一不可，煎、炒、烹、炸、焖、熘、熬、炖，拉开架势开练，诱人的饭菜香味儿顷刻间透过手机屏幕飘了出来……从电视到纸媒，从书页到手机，一本别致精巧的小册子竟然开启了饮食类图书融媒体时代的阅读新理念。

这10年间，全国饮食类电视节目层出不穷，或者像菜谱，或者像导吃地图，你方唱罢我登场，可是热闹了一阵子。怎奈这两三年看电视的人少了，不少节目也就难觅踪影了。《家政女皇》则不然，她坚持了10年，创新了10年，红火了10年，如今又迎来了崭新的10年。这档节目之所以一直深受观众青睐，就在于除了能让您欣赏到烹饪技艺之外，也融进了故事，蕴藏了幽默，提供了服务，同时还潜移默化地渗透了科学与文化——有内涵的作品才能长久，而这一切都仰仗于为这个节目忙碌的那群台前幕后兢兢业业的有心人。

我曾有幸作为嘉宾参与了几十期《家政女皇》的拍摄，亲眼看见了深夜里摄制组全体人员在影棚里挥汗如雨，制作人和编导亲临现场反复琢磨，主持人强忍疲惫在镜头前展现出最佳状态。更让人想不到的是，做的是这么一档活色生香的美食节目，工作人员吃的却是极简单的饭菜……正是他们的辛劳与坚守，才让荧屏上那一期期节目养眼、暖心，走进千家万户，十载历久弥新。

在《家政女皇》播映10周年之际，衷心祝福节目越办越好，也愿各位读者喜欢上这本凝练了栏目组十年心血的精美图册，与他们共享温暖人间的烟火"食"光。

崔岱远

2019年12月19日

甑糕

ZENGGAO 甑

菜谱详情

甑（zèng），是蒸锅的前身。但以"甑"为名的食物，似乎只有甑糕。这种精于用枣制作的甜食极具北方特色。

水煮鱼

SHUIZHUYU

水煮鱼已被归入"老派川菜"，
食之颇有怀旧之感。

菜谱详情

3

菜谱详情

新疆大盘鸡

XINJIANGDAPANJI

大盘鸡是菜饭合一、好看好吃的佳品。鸡块金黄，土豆嫩黄，吸饱了汤汁；配上一盘宽近二指的裤带面，那是值得回忆许久的美餐。

炖菜核

DUNCAIHE

菜谱详情

炖菜核算是名菜，一砂锅霜打青菜，搭配着火腿、冬笋、鸡脯、香菇和清汤等许多材料。如果没工夫，用盐稍渍一下，下油锅咿翻也是好的。正如贾府史太君的话："咸津津的，吃粥有味。"

糟羹
ZAOGENG

菜谱详情

羹，就是有浓汁的汤菜，是最早出现的中国菜形式之一。糟羹，用红枣、马蹄、莲子、桂圆等果子加糖煮烂，最后勾入藕粉而成。甜润滑腻，喝一碗熨帖极了。

醋椒三鲜饸饹面

面团塞入饸饹床子，压下手柄，面条便挤了出来。片刻煮熟，浇上以冬笋和虾仁为主的"三鲜"浇头，入口颇有咬劲儿。

12

千层饼
QIANCENGBING

发面裹住一层颇厚的油酥，反复擀薄、捏松、折叠，再切块、刷油、蘸芝麻、上火烙，倘无油酥，万不能形成。

脆皮榨菜春卷

榨菜佐粥最宜，此外煮汤炒肉，都属佳品。
"榨菜春卷"质地柔软，吃起来融合贴切，
要算新尝试中较成功的一例。

菜谱详情

菠萝咕咾肉
BOLUOGULAOROU

菜谱详情

热带可入馔的水果中，菠萝用处更为广泛。肉先炸过，再淋上用番茄酱调成的浓汁和菠萝块同炒，酸甜下饭。

17

微笑蛋包饭

炒饭也有干、湿的分别。给湿炒饭裹
一层蛋皮的外套，就是"蛋包饭"了。
蛋包饭不失为健康的快餐，以米饭做
馅，独特而精致。

菜谱详情

菜谱详情

炒合菜

CHAOHECAI

不仅春饼卷合菜有味，配米饭也
甚为合适；荤素食料为一餐，寄
托了一种最健康而朴素的祈愿。

鸡里蹦

JILIBENG 雞

鸡腿肉，去皮切小丁，炒至将熟时再下虾仁，稍点缀青椒片，淋汁颠两下勾即成，溜饭两便，老幼皆宜。

翡翠虾仁
FEICUIXIAREN

这是可以减压的一道菜，工序不能太繁。唯一费点事的是打蔬菜浆，上毛、烹制、成菜、装盘都简单，精神需集中但不必紧张，许多俗冗之念便自然搁置了。

®

老北京打卤面

一碗打卤面，菜、饭、汤俱备，已可视为
合格的一餐，虽是最寻常的平民食物，也
凝聚了先民的许多斟酌。

菜谱详情

菜谱详情

29

罾蹦鲤鱼

ZENGBENGLIYU

罾，就是鱼网。罾蹦鲤鱼要好吃，全靠过油的功夫，要骨已酥但肉仍嫩，所以炸时不能刮鳞。

糖火烧
TANGHUOSHAO 🔊

菜谱详情

糖火烧介于主食和点心之间，用红糖、芝麻酱和面，搓成长条，再团成球状，略压扁，烤熟即成。

肉龙
ROULONG

肉龙也是花卷。面皮擀得厚一些，卷上猪肉大葱馅；发面吸收肉馅的油脂，晚有了些韧劲，虽少细腻精致，却会让人吃得酣畅淋漓。

咖喱鸡排

GALIJIPAI

咖喱鸡先炒后炖较麻烦，做咖喱鸡排就简单多了。鸡胸拍松，蘸面包糠，炸至黄脆，蘸着咖喱汁吃即成，美味诱人。

菜谱详情

青春麻辣烫

麻辣烫的精髓在于汤料，闻起来浓香四溢，吃起来有滋有味，令人有意犹未尽之感；凡与青春有关的事，都值得铭记。

菜谱详情

鲜槐青瓜虾仁

XIANHUAIQINGGUAXIAREN

鲜槐花晾干，搭配虾仁瓜片同炒，吸收了油脂的干槐花腴润中尚存一缕清甜，是天寒岁暮里的春之记忆。

奶香玉米饼
NAIXIANGYUMIBING

菜谱详情

特玉米粉、吉士粉、泡打粉，倒进鲜奶搅成糊，掺进果干蒸熟。健康而舒展，随和而守分。

桃仁酱爆鸡丁

TAORENJIANGBAOJIDING

酱爆鸡丁，费时不长，需用鸡腿肉做才好，这是鸡身上肉质最紧致的部分，急火爆熟，口感脆嫩。

津味酥鱼

将鱼先下油锅炸透，添汤焖烧，
至骨刺化渣。鱼吃透了糖醋汁，
色近秋天的柿树叶，黄中透红，
甚是诱人。

黄酒盘龙肉

HUANGJIUPANLONGROU

菜谱详情

五花肉一长条，切出一指厚、紧密相接的口子，但保证皮不断，盘成三匝，名曰"盘龙"。年夜饭有它和整鸡，便算"龙凤"。

48

海蛎煎
HAILIJIAN 🔊

"蚵仔"就是牡蛎。把剥出的蛎肉腌一下，煎熟，倒进两勺红薯粉调成糊摊成饼，再淋上蛋液，做法像北方的瓠塌子，鲜香柔嫩。

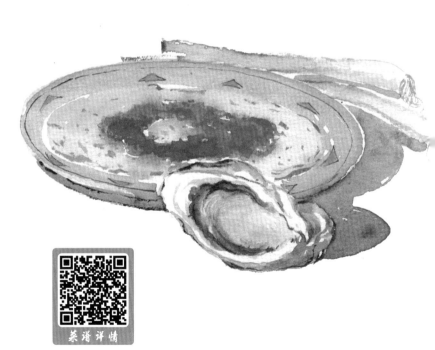

菜谱详情

香辣避风塘虾

XIANGLABIFENGTANGXIA

极常见的粤菜，因为做得细致，一直很受欢迎。鲜虾经过油炸，与金银蒜一起翻炒，鲜香浓郁，爆香撩人。

米皮
MIPI

米皮不能炒、煮，只宜凉拌。大刀切条，用一把绿豆芽，一撮黄瓜丝打底，浇上蒜汁白醋，大量淋秦椒炸的红油——食欲不振的炎夏，一碗酸辣米皮是极开胃的快餐。

麻辣猪肉干

MALAZHUROUGAN

取猪肉泥腌渍入味，辘成薄饼，涂刷蜂蜜，在烤箱中高温烤成。干、韧、半透明，质轻而味美，美丽而郑重。

DOUBANYU (豆)
豆瓣鱼

菜谱详情

鱼炸过，捞出沥水，一边就用宽油炒郫县豆瓣酱，炒成红油。只要红油炒得得法，这道菜就成功了大半。

焦熘凤爪

JIAOLIUFENGZHUA

鸡跖的大众美称是"凤爪"。凤爪啃咬半天，吞下的实物却极有限，贪爱它的人，戏称其是"瘦身食品"。

菜谱详情

山东辣子鸡

鸡肉过油炸得干一点，烹过汁仍能沙沙有声，耐心地把肉从细骨上啃下来，是吃辣子鸡最大的乐趣。

辣卤炒小龙虾

LALUCHAOXIAOLONGXIA

红彤彤的一盆，带着一点酒香——因为放了白兰地。干辣椒、辣椒面、辣酱炒出的复合味，吃着也不是霸道的直辣。

菜谱详情

63

红烧带鱼卷

HONGSHAODAIYUJUAN 🌶

带鱼对小孩子最友善——肉厚而少刺。冬天大量制作炸物，易于保存且吃着方便，或蒸或炖，添汤热透就能上桌。

菜谱详情

虾胶西蓝花
XIAJIAOXILANHUA

虾胶，就是虾肉泥。西蓝花撕掉梗皮切大朵，敷上虾胶，大火蒸五分钟，取出来浇一勺薄芡汁，也是一道不错的健康菜。

馒头比萨

MANTOUBISA

把方馒头切大片略烘硬，仿照比萨的方式，敷上番茄丁和洋葱炒的酱，贴火腿、口蘑片、芝士，烤箱烤熟，配酸黄瓜，也是颇有意思的创新。成年人可能觉得琐碎了，但对孩子有诱惑力。

手撕鲈鱼
SHOUSILUYU 鲁

"江上往来人，但爱鲈鱼美"，取鲈鱼一尾，用姜、葱、盐、酒腌透，快刀切片，蘸玉米粉炸酥，即为"手撕鲈鱼"。

锅包肉
GUOBAOROU

用里脊肉，蘸裹厚糊炸酥，再用番茄汁稍稍炒匀。锅包肉吃起来会比较从容，没有喧闹、粗豪的作风。

彩色粗粮包

CAISECULIANGBAO

都知道粗粮是健康的，虾胶馅的
滑腻，中和了玉米皮的粗涩。
很多时候，幸福感是由对比之后
得来的。

菜谱详情

桂花养颜南瓜

GUIHUAYANGYANNANGUA

把南瓜切块蒸熟，淋上糖桂花，重味的调料用在自身寡淡的食材上相得益彰。

蛋黄锅巴
DANHUANGGUOBA

菜谱详情

锅巴是蒸饭的副产品，糯米锅巴蘸裹上咸蛋黄，不但香味可人，也能少掉渣，是小孩子们最喜欢的吃食。

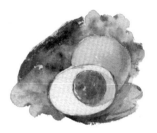

萝卜炖牛尾

LUOBODUNNIUWEI

菜谱详情

炖牛尾成功的关键在于用火。牛尾用旺火烧开，转小火炖到七成熟，拣尽佐料，再下牛尾和白萝卜块炖至极烂。川菜中这样醇浓清鲜的菜很多，现在提起川菜就认为浓油重辣，是以偏概全了。

东坡肉

东坡肉一块，菌蔬一份，
干菜一条，便是均衡舒适
的一餐。

菜谱详情

84

手撕牛肉

SHOUSINIUROU

牛肉干的纤维粗而长，呈酱红色，组织之间略带些粒状的油脂。做一次可以保存很久，旅行时带些，是途中解馋的零食。

海米冬瓜球

HAIMIDONGGUAQIU

菜谱详情

海米冬瓜球的汤呈乳白色，咸鲜里有虾干特殊的味道。用汤泡饭很好，冬瓜微有点沙，是润肺解燥的佳品。

88

SAOZIMIAN
臊子面

臊子面浇头丰富，荤素相间，佐以红油酸汤，汤宽而面韧，一碗食罄已十分饱足。

冰镇三宝
BINGZHENSANBAO

冬天的食物厚味偏多，酒肉横陈之间，一碟浇了自制料汁的苦瓜、水萝卜、芹菜冷拼里得格外清爽。

菜谱详情

焦熘红苕

JIAOLIUHONGSHAO

"红苕"是四川人对番薯的叫法，火锅中常用的"苕粉"，即番薯粉条。四川厨师则因擅用红油，能烧较少见的香辣口番薯菜。

酸汤肥牛

SUANTANGFEINIU ✿

川渝有很多好吃的汤菜，所谓"戏靠帮腔，菜要好汤"，酸汤肥牛，味道明快而不油腻，经济实惠。

怜香惜玉

LIANXIANGXIYU

菜谱详情

有些地方称藕为"莲菜"，将藕跟山药、彩椒、木耳加汤稍煮，勾薄芡，成菜色彩丰富，有个很诗意的名字："怜香惜玉"。

XIANGLAZHUTI

香辣猪蹄

菜谱详情

含胶质的东西吃起来毕竟有些糊嘴，还是做成干辣的较为爽韧——无论朋友聚饮或小酌，一盘香辣猪蹄，既啃得颇有滋味，又能补充胶原蛋白，实在是很理想啊。

99

YUMIMIANCAITUANZI

玉米面菜团子

以玉米粉做皮，馅可以任意发挥，玉米饼皮的韧劲加上馅料的饱满，口感意外得好，就着小米粥，一个上午都觉得饱暖有力，真是寒天的恩物。

香菇山药盒

XIANGGUSHANYAOHE

山药泥掺入鸡肉，与香菇同烧，可制成"香菇山药盒"。香菇宜用水发的干品，鲜菇虽鲜，香味却不浓厚。